童行永庆坊
西关大屋的秘密

主　编 / 甘于恩
编　著 / 劳震宇
绘　画 / 吴俊文　曾　健

SPM 南方传媒　新世纪出版社
·广州·

骑楼的特点是楼上住人，楼下商铺。骑楼很好地适应岭南气候，既可避风雨，又可防日晒。同时，它也方便一楼的商铺打开店门、摆放商品来招揽客人。

骑楼打破了单门独户的束缚，将门前变成街坊的共享空间。走在骑楼下，轻松闲适，怡然自得，还可以饮茶、闲聊、纳凉。

在广州，西关骑楼保留了比较多中国传统建筑的元素。恩宁路的骑楼，就是典型的西关骑楼。

为什么永庆坊和很多广州老街巷一样,都是用麻石铺的呢?

因为广州多雨水天气,普通的街砖容易长青苔,麻石却不会。且下雨时麻石不容易积水和泥泞,自然也不容易打滑。

所以,如果问老广州们的童年回忆是什么,就一定离不开放学后与小伙伴们在麻石街巷中的追逐玩闹,以及下雨时踩在麻石街巷上听到"踢踏踢踏"的声音。

麻石街巷,总是充满着浓浓的人情味。很多老街坊可能已经几代人在那里居住,对邻舍也十分熟悉。大家早上出门遇见,总会用粤语亲切地打招呼,甚至聊上两句。到了晚上,老街巷的榕树头附近,总会聚着一群街坊在下棋,或者边乘凉边"吹水"（意为闲聊）。

　　广州可以跑汽车的马路，大约从百年前的民国时代才开始建设起来。在此之前的2000多年里，广州城内的通道大多是街巷。而西关的街巷更是四通八达，一不小心就会迷路。

　　旧时街巷的出入口大多会设置牌坊，象征着街巷创建人或居住人的身份。牌坊上挂有石制牌匾，上面刻着街巷的名字。有些牌坊左右两边还刻有对联，表达了街坊的愿望。

　　西关地势低洼，而且河涌满布，所以旧时下大雨的时候，常常会出现"水浸街"，小孩子们也纷纷出街玩水，广府童谣《落雨大》所描绘的就是这个情景。但新中国成立后，政府不断改善街道排水系统，又开挖了荔湾湖进行蓄水，西关"水浸街"的情况已经很少出现了。

趟栊门是西关大屋最具标志性的设计,"趟"在粤语中表示拉动,"栊"是栅栏的意思。

趟栊门有三层设计,第一层是屏风门,又叫脚门,用来挡住外面路人的视线;第二层是木趟栊,是个能够横向拉动的栅栏,与门廊一样高;第三层才是真正的大木门。

第二层的木趟栊,由十几条坚硬的横圆木镶在两侧竖板上而成,竖板下面有导轨,方便人们拉动。而木趟栊的锁暗藏在大木门后面,是木制的顶门。人们只需在屋内轻轻按下,就可以锁住趟栊门了。木趟栊多数是杉木或柚木、坤甸等木材制作,不易锯断。它既可以防盗,又可以通风和透光。

原来从永庆坊出发,可以直通荔枝湾涌,来这里坐游船,沿途可参观游玩粤剧艺术博物馆、文塔、荔湾湖公园呢!

荔枝湾涌因为两岸种植荔枝而得名,最初是指荔湾路驷马涌彩虹桥一带的河汊,现今指荔湾路、中山八路、黄沙大道(北段)、多宝路(西段)、龙津西路一带的河涌。荔枝湾是西关大屋、西关小姐、西关五宝、西关美食及粤剧曲艺等广府文化聚集的地方,在外也有"小秦淮""岭南第一胜景"的美称。

但随着广州人口的增加和城区的扩大,荔枝湾一带的河涌出现水质恶化和河道堵塞的情况。荔湾这个一直被文人雅士传颂为"一湾溪水绿,两岸荔枝红"的胜景,曾经消失过一段时间。

创作后记

城市在不断发展，时代在不断进步，但与此同时，很多曾经熟悉的事物，却在不知不觉中流逝，每每在午夜梦回之时，总是让我们扼腕叹息。

这次"自己友"受新世纪出版社之邀，参与"童行永庆坊"系列绘本的创作，正是怀着一颗"让城市留住记忆，让人们记住乡愁"的初心。"自己友"自2016年成立以来，一直致力于通过创意设计和网络传播传承岭南文化，多年来曾创作利是封、文化衫、月饼礼盒、年宵礼盒等文创作品，也取得一些不俗的成绩。

这次创作儿童绘本，是一大挑战：怎样让这套书好玩有趣，令小读者们有翻开的冲动呢？怎样让里面的知识既严谨又易懂，令小读者们有阅读的欲望呢？特别在互联网时代，图书的意义和价值已经不仅仅在于记录文化知识那么简单，是不是也能让这套书成为成年读者的收藏品呢？这也是我们小小的"野心"。

所幸，本套书在创作过程中，能得到甘于恩老师的指导，助力我们把众多岭南文化的知识点提炼出来，并以生动有趣的方式进行展现；同时，也有赖于新世纪出版社钟蕴华编辑团队的不断鞭策，让我们在创意设计上改了一稿又一稿，才最终呈现出现在令人惊叹的效果。

我们为城市的发展而欣喜，我们为时代的进步而鼓舞，但同时也希望为下一代保留一份过去的记忆——当他们知道从何处来，才会知道到哪里去……

劳震宇　　吴俊文　　曾健